ESSAIS MATHÉMATIQUES.

I V.

ANALYSE DE LA RÉSOLUTION DES ÉQUATIONS DÉTERMINÉES.

L'OBJET de la résolution est de découvrir les valeurs de l'indéterminée dans l'équation. On lui a donné deux bases: les coëficiens, le caractère. De-là deux espèces de méthodes.

La première en offre de particulières & de générales. Les unes, appropriées à un degré, y bornent leur effet; les autres, établies sur des principes universels, se portent sur toute la gradation.

La seconde n'en a qu'une, continue & uniforme.

PREMIERE ESPECE.

I.

TABLEAU.

Dyophante est le premier que la recherche des valeurs ait intéressé. Favorisé par l'être des équations des deux premiers degrés, qui permet de les assimiler aux puissances, il a réussi à leur égard. Les Analystes Arabes, moins heureux, n'ont pas pu marquer la succession par le progrès. La distinction naturelle les a forcés de s'arrêter au même terme.

Leur méthode a été accueillie en Italie lorsque le flambeau de l'antiquité y a dissipé les ténèbres. Utile à la création d'un art nouveau, elle a porté Ferrei à exercer son génie sur le troisième degré. La hardiesse a été couronnée. Il est né cet artifice : égaler l'indéterminée à deux grandeurs du même genre, partager l'équation qui émane de manière que celle dont l'expression dépend soit moins élevée.

Un nouvel essai a eu le même succès. Ferrari & Descartes, invités par l'affinité à décomposer l'équation du quatrième degré en deux du second, l'ont liée à l'intermédiaire.

Telle a été la filiation des méthodes particulières. Annoblies par des découvertes inespérées, elles ont donné de l'éclat à l'aurore de la science.

II. La première méthode générale a paru à la fin du siécle dernier. Tschirnaus, célèbre entre les inventeurs favorables aux arts, l'a fondée sur une grande idée. Un élément commun, attribué en chaque degré à l'équation & à celle qui procède de l'égalisation du polynôme inférieur à une grandeur subsidiaire, les affilie. Diviseur le plus grand à leur égard, il produit une expression de l'indéterminée. Une équation nouvelle éclôt. L'anéantissement des termes moyens ou de ceux qui nuisent à l'abaissement facilite sa résolution, par elle la détermination de la grandeur, & forme des rapports pour la réalisation des coëficiens simulés. L'expression, caractérisée, manifeste les valeurs.

La seconde, due à MM. Euler & Bézout, présente l'aspect

opposé. Deux équations, l'une du degré à deux termes, l'autre subséquente destinée à exprimer l'indéterminée, ont une liaison fictive. L'élimination, qu'elle autorise, en crée une où l'on voit l'image de celle que l'on considère. Un systême de rapports naît de l'identité. Uni à la première des équations associées, il compose un fond pour la mesure des coëficiens & de la grandeur. Les nuances de l'expression en sortent.

La troisième est le fruit de mes réflexions sur la forme assignée aux valeurs. Deux opérations la constituent : la représentation de l'indéterminée à l'aide d'un nombre de grandeurs pareilles inférieur d'une unité à l'exposant, suivie de l'élévation au degré & de la réduction, institue une équation telle que la proposée privée du second terme ; le paralelle donne les rapports nécessaires à la détermination. Lorsque la première valeur est découverte on obtient les autres en la multipliant par les racines de la puissance semblable de l'unité différentes d'elle.

Il seroit difficile de prolonger la suite. On n'apperçoit que deux voyes : créer un principe dont une expression de l'indéterminée naisse, la feindre.

I I.

E x a m e n.

I. Une différence distingue les méthodes particulières. Les extrêmes, émanées d'une affinité générique, ne sont pas susceptibles de la généralisation ; la seconde, idéale, l'admet. Cette singularité est un signe fâcheux : elle annonce que l'imagination seule peut produire les grands moyens.

II. Trois vices corrompent les méthodes générales : l'arbitraire, la limitation, l'inexactitude.

Elles ne sont pas directes.

L'expreſſion que Tſchirnaus découvre :

$$x = \frac{F + Gy + Hy^2 \ldots}{F' + G'y + H'y^2 \ldots}$$

multipliée par le polynôme propre à la délivrer de l'irrationalité, que l'état de y lui communique, offre en :

$$x = A + By + Cy^2 \ldots$$

celle que MM. Euler & Bézout ont adoptée. La face change lorſqu'on y ſubſtitue l'unité, la première des racines qui meſurent cette grandeur. On la voit paroître :

$$x = A + B + C \ldots$$

& préſenter la mienne.

Ces variations démontrent que l'expreſſion a en toutes les méthodes la même nature que dans l'artifice de Ferrei. Quelle raiſon l'a autoriſé à choiſir la combinaiſon A+B pour la ſienne? La forme des valeurs? Il l'ignoroit. Une relation avec l'être des équations? Il n'en exiſte aucune. La convenance a été ſa loi.

Elles ne ſont pas reellement générales.

La détermination y ſuppoſe une réſolution fondamentale. Il eſt néceſſaire pour l'établiſſement de la généralité, ſon évidence, qu'elle ait une poſſibilite fixe.

Dans la première le nombre des rapports eſt moindre que l'expoſant. La réduite, qu'il règle, a l'une des dimenſions :

$$(m-1)(m-2)(m-3)^2 \ldots : (m-1)(m-(1+n))(m-(1+2n))^2 \ldots\ldots$$

telle, elle eſt immuable.

Dans les deux autres le nombre des rapports égale l'expoſant. La réduite, [illegible], offre la dimenſion :

$$m(m-1)(m-2)^2 \ldots$$

l'abaiſſement y eſt accidentel au troiſième & au quatrième degré : on s'abuſe en voulant lui donner plus d'étendue.

Cette élévation, fupérieure à celle de l'équation au-delà du quatrième degré, met un obftacle infurmontable à la réfolution. Ce degré eft le terme de la faveur (1).

Elles ne font pas exactes.

Leur nature étant la même que celle de l'artifice il fuffit de l'éclairer, d'eftimer fon effet, pour les apprécier.

Il étonna au moment où il parut : on vit avec inquiétude les valeurs réelles préfentées fous le voile de l'imaginaire au troifième degré. Vallis raffura par le développement. Cependant on demeura perfuadé que l'altération, effentielle & marquée, eft une irrégularité. Newton a confirmé l'opinion. M. d'Alembert a entrepris de la fonder par ce raifonnement (2) :

« L'expreffion :

$x = A + B$

inftitue :

$x^3 - 3AB x - A^3 - B^3 = o : x^3 \mp a x \mp b = o$

& uniquement en rigueur :

$-3AB x - A^3 - B^3 = \mp a x \mp b$

on ajoute :

$-3AB = \mp a : -A^3 - B^3 = \mp b$

l'inexactitude introduit l'imaginaire ».

Loin de réuffir il a bleffé une des premières vérités. L'identité que l'expreffion feint s'imprime dans les équations. Confidérée en leur être, elle porte fur la parité des coëficiens : la parité établit les rapports.

---

(1) M. de la Grange a employé le principe des combinaifons en cet objet. Ses vues & fes mefures de la dimenfion, trop avantageufes, appuyent l'affertion. *Mém. de Berlin : an* 1770.

M. de Vendermonde, de l'Académie des Sciences, a fuivi l'idée qui émane de la création. Son analyfe, impénétrable, ne prouve que l'abus des fpéculations hypotétiques. *Mem. de l'Acad. des Scien. an.* 1770.

(2) *Enc* : Art. Equation.

L'irrégularité eſt certaine. L'inſtitution des trois valeurs en:
$(A+B)\times 1 : (A+B)\times\left(\frac{-1-\sqrt{-3}}{2}\right) : (A+B)\times\left(\frac{-1+\sqrt{-3}}{2}\right)$
les a affiliées aux racines de la troiſième puiſſance de l'unité; la détermination leur en a donné le caractère. Cette liaiſon, oppoſée à leur eſſence lorſqu'elles ſont inégales, à la ſimilitude lorſqu'elles ſont égales, a dénaturé la forme. Son vrai mode, dans le cas où f déſigne une fonction, eſt:
$A+B : A+B+\sqrt{((A+B)^2-f:(A+B))}$:
$A+B-\sqrt{((A+B)^2-f:(A+B))}$.
La même cauſe a attaché l'illuſion au genre & à la meſure. Premièrement au genre. L'expreſſion dépend de A ſous l'aſpect:
$x=A\pm\frac{\frac{1}{3}a}{A}$
Or il faut pour la réalité de cette grandeur que c en étant doué il ſoit:
$A\pm\frac{\frac{1}{3}a}{A}=c$
par conſéquent:
$A^2-cA\pm\frac{1}{3}a=o$
&:
$A=\frac{1}{2}c\pm\sqrt{(\frac{1}{4}c^2\mp\frac{1}{3}a)}$

Il émane les loix:

I. Lorſque a eſt négatif la réalité ſuppoſe la relation: $c>2\sqrt{\frac{1}{3}a}$.

II. Lorſque a eſt nul elle eſt néceſſaire.

III. Lorſque a eſt poſitif elle l'eſt auſſi évidemment.

D'elles & de la forme inſtituée les ſecondes:

I. En une aſſociation de valeurs réelles inégales la plus grande doit être au-deſſous de $2\sqrt{\frac{1}{3}a}$.

II. Une aſſociation de valeurs égales n'eſt pas poſſible.

III. En une aſſociation mixte la valeur réelle doit ſurpaſſer la quantité.

Celles-ci opèrent diverſement. Le défaut de la première dans les équations où la valeur la plus grande offre la ſomme des acceſſoires, de la troiſième en celles où la réelle eſt l'unité, occaſione la mutation du genre dans les deux claſſes primitives; la réaliſation de la ſeconde l'étend ſur le cours entier de celle que l'égalité ſignale. De là des apparences trompeuſes : le réel repréſentant l'imaginaire, l'imaginaire repréſentant le réel. De là un contraſte entre la compoſition & la production, réfléchi ſur tous les degrés.

Secondement à la meſure. On ne l'obtient jamais vraye.

Le concours de ces vices influe ſur la partie la plus éminente de la ſcience. L'imagination, qui s'eſt illuſtrée en les colorant, a donné l'empire de la vérité à l'erreur.

SECONDE ESPECE.

QUAND on prend le caractère de l'équation pour baſe la réſolution renferme trois recherches: celle de la forme des élémens en chaque mode, celle de la relation qu'elle établit entre les coëficiens, celle de leur meſure.

I. La première eſt facile. Elle conſiſte à diſcerner & claſſer les ſyſtêmes.

II. La ſeconde eſt délicate. On détermine la relation propre à l'égalité, par elle celle qui convient à l'inégalité.

M. d'Alembert a élevé le doute à ſon égard (1). Il oppoſe la poſſibilité que la combinaiſon deſtinée à former les variétés, au lieu d'éxiſter négative, reparoiſſe poſitive après la nullité,

(1) *Dans l'article cité.*

Cela n'eſt pas à craindre : le procédé fixant la loi de continuité au ſens originel il aſſure l'alternation par la ſucceſſion des deux êtres ſpécifiques du zéro.

III. La troiſième eſt un écueil. Fontaine, l'inventeur de cette méthode (1), l'a réduite au problême : ayant deux rapports entre deux grandeurs & leur état reſpectif les découvrir. Son art eſt tel :

Il crée une équation où les expoſans d'une raiſon inſtituée entre les grandeurs & une troiſième dominent avec elle. Il y ſubſtitue une indéterminée multipliée & accrue par des nombres variables, la modifie par une fiction, en fait éclorre une déterminée. Des épreuves ſuccèdent : celle-ci eſt réaliſée ou préſente des réſultats contraires. Les expoſans & la grandeur ſont fixés. La meſure des deux premières valeurs ſe manifeſte. Evidente, elle conduit à la connoiſſance de celle des autres.

Cet art, dirigé par l'élimination, doit s'éxercer ſur une progreſſion de réduites abſolues qui s'élèvent juſqu'à la dimenſion : $m(m-1)(m-2)^2 \ldots$

L'immenſité, marquée dès le quatrième degré, borne ſon pouvoir. Arbitraire & limité, il dégrade l'invention.

Il réſulte que ce que l'on honore du nom de méthode eſt la honte de l'analyſe.

MÉTHODE DIRECTE.

UNE équation s'offre à la réſolution ſous l'une des faces :

$$x^m \mp g' a x^{m-1} \mp g'' a^2 x^{m-2} \ldots \mp g^{m\prime} a^m = 0$$

$$x^m \mp g' x^{m-1} \mp g'' x^{m-2} \ldots \mp g^{m\prime} = 0$$

(1) Il l'a expoſée dans les Mém. de l'Acad. de l'an. 1747.

ou

ou la ſuite $g', g'', \ldots g^{m'}$ eſt numérique (1).

I. Selon la nature des puiſſances le nombre des élémens ſemblables des deux premiers degrés doit s'abaiſſer d'une unité lorſqu'on la multiplie par le cours des expoſans. Cette propriété dirige la recherche des valeurs réelles & des imaginaires que l'égalité y unit. Un diviſeur commun avec celle qui en dérive annonce leur exiſtence : un ſecond avec ce facteur produit l'équation partielle :

$$x^n \mp h' a x^{n-1} \mp h'' a^2 x^{n-2} \ldots \mp h^{n'} a^n = 0$$

$$x^n \mp h' x^{n-1} \mp h'' x^{n-2} \ldots \mp h^{n'} = 0$$

où elles réſident dans l'état de ſimplicité & d'inégalité reſpective. Le procédé propre à cet état les en ayant extraites leur relation avec le terme $g^{m'} a^m, g^{m'}$, fixe la loi de la multiplicité.

II. Une ſeconde équation partielle :

$$x^p \mp k' a x^{p-1} \mp k'' a^2 x^{p-2} \ldots \mp k^{p'} a^p = 0$$

$$x^p \mp k' x^{p-1} \mp k'' x^{p-2} \ldots \mp k^{p'} = 0$$

née de la diviſion par le produit des diviſeurs, contient les valeurs inégales.

---

(1) Newton a conçu le premier l'idée d'une méthode directe. Un eſſai de nombres entiers pour la réaliſation a manifeſté les valeurs réelles éxactes, l'hypotheſe des infiniment petits celles dont l'élément n'eſt pas l'unité. *Arithm. univ.*

M. de la Grange a perfectionné le moyen principal en l'analyſant ; il a ſubſtitué l'uſage des fractions continues au ſecond. L'extraction des valeurs imaginaires, unie à ces corrections, a donné l'étendue néceſſaire à la réſolution. *Mém. de l'Acad. de Berlin*, *ann.* 1767.

Les deux doctrines ont des vices particuliers. En l'une l'eſſai eſt incertain, l'approximation inéxacte : en l'autre la formation de l'équation directrice devient très-pénible & l'approximation paroît illuſoire. Elles en ont un commun. Le principe qui naît du caractère des valeurs égales n'y eſt pas propre à les fixer. Borné aux réelles, on le voit abuſif dans le cas où des couples d'imaginaires ſemblables les accompagnent, ſtérile en celui où ces couples ſont iſolées. Ces vices les privent de l'avantage d'opérer la détermination générale.

La limite des réelles éxifte dans la grandeur $\pm ra$, $\pm r$, la plus petite entre celles qui peuvent y inftituer la permanence ou la variation dans l'efpèce des coëficiens après la fubftitution de $x \pm ra$, $x \pm r$, à l'indéterminée : l'adoption de $\pm s$ pour les repréfenter, de :

$$x \mp s : x^{p-1} + A x^{p-2} + B x^{p-3} \ldots + G$$

pour les élémens producteurs, lie leur découverte aux rapports :

$$A \mp s = \mp k' a : B \mp As = \mp k'' a^2 : \ldots Gs = k^{p'} a^p$$

$$A \mp s = \mp k' : B \mp As = \mp k'' : \ldots Gs = k^{p'}$$

ainfi celles des grandeurs comprifes entre $\pm o$, $\pm ra$, ou $\pm o$, $\pm r$, qui donnent des coëficiens commenfurables au fecond élément & réalifent :

$$\pm s = A \pm k' a : \pm s = A \pm k'$$

compofent la fuite des éxactes : les termes d'une progreffion décimale, crée par l'infertion du nombre des moyens que la précifion éxige, qui réuniffent ces qualités au degré le plus haut, conftituent la fuite des inéxactes.

La forme des imaginaires eft $t \pm v\sqrt{-1}$. Cette expreffion, fubftituée dans le réfidu, produit deux rapports qui, ajoutés & fouftraits, deviennent rationnels ; l'élimination deux équations pour la détermination des quantités formatrices.

Application. Soit l'équation numérique :

$$x^5 + 8x^4 + 17x^3 - 2x^2 - 64x - 160 = 0$$

I. Le défaut d'un divifeur commun avec l'affiliée :

$$5x^4 + 32x^3 + 51x^2 - 4x - 64 = 0$$

iffue de la multiplication de chaque terme par l'expofant, en exclud les valeurs égales.

II. La fubftitution de $x + r$ établit l'être :

$$x^5 + (5r + 8)x^4 + (10r^2 + 32r + 17)x^3 + (10r^3 + 48r^2$$

$+51r-2)x^2+(5r^4+32r^3+51r^2-4r-64)x+(r^5$
$+8r^4+17r^3-2r^2-64r-160)=0$
celle de $x-r$ l'oppofé :
$x^5-(5r-8)x^4+(10r^2-32r+17)x^3-(10r^3-48r^2$
$+51r+2)x^2+(5r^4-32r^3+51r^2+4r-64)x-(r^5$
$-8r^4+17r^3+2r^2-64r+160)=0$
& l'épreuve des mefures de r propres à inftituer les relations défignées dans l'efpèce apprend que 3 borne les valeurs réelles inégales dans l'acception pofitive, -6 dans la négative.

Entre les nombres marqués par la première limite 2 eft le feul qui donne la commenfurabilité aux coëficiens exprimés en :

$$D=\pm\frac{160}{s}:C=\pm\frac{D+64}{s}:B=\pm\frac{C+2}{s}:A=\pm\frac{B-17}{s}$$

la précifion au rapport fondamental :
$\pm s=A-8$
il préfente une valeur éxacte pofitive unique. Entre ceux que la feconde limite termine -3, -4, -5, ont la propriété à des degrés qui indiquent un caractère pareil, mais trop foiblement pour que l'on puiffe s'y arrêter. L'infertion de quatre-vingt-dix-neuf moyens en chaque couple, fuivie du choix, que la comparaifon des degrés dirige, la montre au plus élevé dans les termes $-3,51$; $-4,49$: elle dévoile en eux deux valeurs inéxactes négatives.

Le fiége de l'imaginaire eft :
$x^2+2x+5=0$
lorfqu'on y fubftitue $t\pm v\sqrt{-1}$ on voit éclorre deux rapports auxquels l'addition & la fouftraction communiquent la forme rationnelle :
$t^2+2t-v^2+5=0 : t+1=0$

l'élimination la déterminée :

$t + 1 = 0 : v^2 - 4 = 0$

il en procède :

$t = -1 : v = \mp 2$

de-là les valeurs : $-1 - 2\sqrt{-1} : -1 + 2\sqrt{-1}$.

HOLÉ, anc. Prof. roy.

Lu & approuvé à Paris le 4 Décembre 1782. ***De la Lande***, *Censeur Royal.*

Vu l'approbation permis d'imprimer, le 6 Décembre 1782. LE NOIR.

A PARIS, chez JOMBERT aîné, Libraire ; rue Dauphine. 1783.

www.ingramcontent.com/pod-product-compliance
Lightning Source LLC
LaVergne TN
LVHW012019170826
845678LV00004BA/1561

* 9 7 8 2 3 2 9 6 3 7 2 1 1 *